微生物的秘密

Secrets of Microbes

高冬梅 ◎ 编

中国海洋大学出版社

·青岛·

图书在版编目（CIP）数据

微生物的秘密 / 高冬梅编 . —青岛：中国海洋大
学出版社，2015. 9
ISBN 978-7-5670-0987-5

Ⅰ. ①微… Ⅱ. ①高… Ⅲ. ①微生物－普及读物
Ⅳ. ①Q939-49

中国版本图书馆 CIP 数据核字（2015）第 222964 号

出版发行	中国海洋大学出版社
社　　址	青岛市香港东路 23 号　　邮政编码 266071
出 版 人	杨立敏
网　　址	http://www.ouc-press.com
电子信箱	zhanghua@ouc-press.com
订购电话	0532-82032573（传真）
责任编辑	王　晓　　　　　　电　　话 0532-85901092
印　　制	青岛正商印刷有限公司
版　　次	2015 年 9 月第 1 版
印　　次	2015 年 9 月第 1 次印刷
成品尺寸	160 mm × 220 mm
印　　张	5
字　　数	55 千
定　　价	20.00 元

微生物的秘密世界

　　微生物，是地球上最古老的居民，它们中的大多数成员是肉眼看不见或看不清的微小生命。微生物无处不在、无处不有，无论是炙热的火山，还是冰冷的极地，那些人类无法生存的极端环境中，都有它们活跃的身影。微生物个体虽小，却不容忽视，它们与人类的生产、生活息息相关。

　　在种类繁多的微生物大家族中，有些微生物为造福人类立下了汗马功劳，它们或者是参与制作美味佳肴的高手，或者是人类健康的守护天使，或者是大自然的魔术师，或者是人类的好帮手……这些微生物是人类赖以生存的挚友；然而，有些有害微生物在人类历史上可谓臭名昭著，它们伺机而动，千方百计地与人类为敌，曾为人类带来了诸多不幸，这场与有害微生物的战争将是人类历史上一场艰辛的持久战。

　　这本书将引领你进入奥妙的微生物世界，去认识身边的"朋友"和"冤家"，了解它们的"贡献"和"危害"。同时，丰富你的生活常识，提高科学意识，满足你对微生物世界的好奇心，激发科学探究的兴趣。让我们一起来探索微生物的秘密世界吧！

目 录
Contents

发酵食品，微生物的"秘密工厂"

地球，微生物的秘密“家园”

能源与微生物的隐秘“联盟”

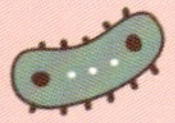

发酵食品，
微生物的"秘密工厂"

微生物与酱油

相关微生物:米曲霉菌、黑曲霉菌、酵母菌、乳酸菌、链球菌等

• 酱油制作,微生物密使集合!

酱油,是家家户户不可缺少的调味品。以大豆(豆饼、豆粕)、小麦(麸皮、面粉)、小米(米糠)等为原材料,经蒸煮或焙炒后,在一系列发酵微生物的综合作用下,原材料"面目全非",随之而来的则是美味的酱油,经提取、加工后即可食用。这些"神通广大"的发酵微生物主要是能产生蛋白酶和肽酶的米曲霉菌和黑曲霉菌。另外,还需要能产生多种复合酶(淀粉酶、纤维素酶等)的酵母菌、乳酸菌、链球菌等微生物的"协助",这些微生物"齐心协

↑ 酱油制作原料之一:小米

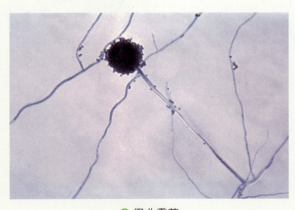

↑ 黑曲霉菌

力"，使原材料发生一系列复杂的生物化学变化，终成硕果，产生出酱香浓郁、营养丰富的佳品。

因所用原材料和发酵微生物菌种的不同、发酵工艺不同，酱油有多种风味和色泽。酱油中主要的营养和风味成分是发酵产生的氨基酸和小分子肽，它们赋予酱油丰富的营养价值和鲜美口感，也是衡量酱油质量的标准。另外，还原糖类赋予酱油甜甜的口感；微量的有机酸、醇、醛、酯类物质赋予酱油特殊的香味；蛋白质分解产生的酪氨酸氧化而成的黑色素，以及葡萄糖与氨基酸的反应产物——类黑素，它们共同赋予酱油天然的红褐色；少量的天然防氧化成分和微量元素，则赋予酱油特定的保健功效。

直接经发酵产生的酱油叫生抽，呈红褐色，颜色较淡；在生抽中加入焦糖色物质，经加工而成的酱油叫老抽，色泽较重，在烹饪时多用于菜肴上色。从制造工艺来看，酿造酱油一般有低盐固态发酵（速酿工艺）和高盐稀态发酵（传统工艺）两种工艺，其中低盐固态发酵一般需要 20 ~ 30 天，属于中低档酱油；而高盐稀态发酵一般需要 4 ~ 6 个月，有的甚至要长达一年的时间，属于高档酱油。瞧，美味需要耐心等待！

微生物与酿造食醋

相关微生物：曲霉菌、根霉菌、毛霉菌、酿酒酵母菌等

● 醋，微生物"集体"完成的"机密工程"

食醋，传统的调味佳品，因其有益健康，已逐步在保健品市场占据一席之地。

食醋和微生物有什么关系呢？

原来，醋是多种微生物集体"智慧"的结晶。首先，在曲霉菌（如黑曲霉、白曲霉、黄曲霉、米曲霉）、根霉菌（如东京根霉）、毛霉菌等霉菌类微生物分泌的酶系的作用下，将原材料（如高粱、小米、麸皮、苹果、红枣等）中的淀粉水解为糖，将蛋白质水解为氨基酸。糖和氨基酸这些小分子物质成为酿酒酵母菌的"美食"。酿酒酵母菌在缺氧条件下再将糖分解为乙醇，最后，在醋酸菌的"鼎力协助"下，将乙醇氧化成醋酸，最终完成这一"机密工程"。在整个过程中，除了最主要产物——醋酸以外，根据微生物种类的不同，也会产生有机酸、醇类等风味物质，从而赋予食醋特定的香味。

根据发酵的原料不同，常见的酿造食醋主要有两大类：一是以高粱、麦麸、小麦、糯米、大米等粮食为原料制成的谷物醋，二是以柿子、苹果、红枣等水果为原料制成的水果醋。

⬇ 苹果醋

食醋除了作为传统的调味品以外，还具有预防心脑血管疾病、调节体液酸碱平衡、延缓衰老等多重保健功效，因此，市场上已出现醋酸浓度较低的保健醋和醋酸饮料，正越来越多地受到人们的关注。

微生物与味精

相关微生物：谷氨酸棒状杆菌、黄色短杆菌等

• 变，变，变味精！

味精作为最常用的调味品和食品添加剂，其主要成分是谷氨酸钠。制作味精，主要以粮食（如玉米、甘薯、小麦、大米等）作为原材料，经水解产生葡萄糖，然后就该微生物施展"绝技"了。葡萄糖在谷氨酸棒状杆菌或黄色短杆菌等谷氨酸生产微生物的作用下，摇身一变，就成了谷氨酸，再经提取、精制，最后成为鲜美的味精。在味精的基础上，再加入有鸡肉味的核苷酸、盐、鲜香料、鸡肉粉等，就成了富有鲜香鸡肉味的鸡精。

↑ 味精

↑ 玉米是制作味精的原材料之一

微生物与酒

相关微生物：酿酒酵母菌等

产酒秘方——酿酒酵母菌

⬆ 大米上的米曲霉菌

我国的四大酒系是白酒、啤酒、葡萄酒和黄酒，它们是微生物"奉献"给人类的重要产品。发酵微生物的种类不同、原料不同、发酵工艺和条件不同，可酿造出不同风味的酒。在白酒、啤酒、葡萄酒和黄酒的酿造过程中，酿酒酵母菌是不可或缺的"功臣"。

白酒的酿造，首先要利用米曲霉、黑曲霉、根霉、毛霉、黄曲霉等霉菌的作用，将蒸煮后的原料（如小麦、大米、小米、高粱、玉米等）中的淀粉分解成糖类，将蛋白质水解为氨基酸，这些准备工作完毕后，就到酿酒酵母菌发挥作用的时候了。它在人工创造的缺氧环境下，将糖类转化为乙醇，同时产生少量的醇类（除乙醇外）、酯类、醛酮类、有机酸等风味物质，最后经蒸馏而制成白酒。白酒是四大酒系中唯一的蒸馏酒。

白酒的主要成分是乙醇，而发酵过程产生的少量风味物质，则是影响白酒口感的重要成分。一般来说，呋喃甲醛、异戊醇、正丁醇等醇类物质以及一些芳香族化合物是形成酱香型白酒的重要风味成分，乙酸乙酯和乳酸乙酯是清香型白酒的风味成分，乙酸乙酯和丁酸乙酯是浓香型白酒的风味成分，β-苯乙醇和乳酸乙酯则是米香型白酒的风味成分。所以，发酵原料、发酵菌种、发酵工艺的不同就能产生不同风味和口感的白酒。

啤酒的酿造，是以大麦为主要原料。首先，使大麦发芽，麦芽中会产生多种酶，使其中的淀粉转化成为麦芽糖；"伟大"的酿酒酵母菌"上场"，它可在缺氧环境中将麦芽糖分解为乙醇；最后在发酵液中再溶入 CO_2，经沉淀、过滤

↑ 啤酒

后就可饮用。由于在生产过程中，原料中的蛋白质同时也被分解成了易于消化吸收的小分子的肽和氨基酸，而且，其他的营养成分如维生素、微量元素等仍然保留在啤酒中，所以，啤酒又有"液体面包"的美誉。

一提及**葡萄酒**，就知道它的原料是葡萄。没错，葡萄酒是以酿酒葡萄或葡萄汁为原料，在缺氧条件下，直接经酿酒酵母菌发酵，其中

↑ 葡萄酒

的糖类转化成乙醇,再经加工而成的兼具果香和酒香的保健酒类。很多家庭常采用新鲜的葡萄自制葡萄酒,这些自制的葡萄酒是利用葡萄皮上的野生酵母菌,密封发酵制成。

↑ 葡萄酒发酵桶

由于在葡萄酒中,除了发酵产生的主要成分——乙醇外,还有发酵过程产生的以及葡萄中原有的有机酸、氨基酸、矿物质、维生素、微量元素等,它们赋予葡萄酒丰富的营养价值和保健功效。葡萄酒在预防心脑血管疾病、美容养颜等方面的辅助性功能已经受到广泛认可。

黄酒是我国特有的具有民族特色的传统酿造酒,它是以黍米、大米、糯米、小米、玉米等为主要原料,先在曲霉、根霉、毛霉菌的作用下,使原料变成糖,再在酿酒酵母的作用下将糖转化成乙醇,经加工而成。黄酒不仅酒香浓郁,而

↑ 黄酒发酵坛

且还有比其他酒类更高的营养和保健功效，这是因为在黄酒发酵生产过程中，除了乙醇以外，也产生了大量的氨基酸、多肽、维生素、功能性低聚糖、生理活性物质等，因此，黄酒又有"液体蛋糕"的美誉。

微生物与发酵面食

相关微生物:面包酵母菌等

·馒头·面包·发糕，面包酵母菌和面粉的秘密成果·

当你在品尝美味的馒头、发糕、包子或面包的时候，有没有想过微生物的功劳？这些发酵面食都是面包酵母菌的"杰作"。

面包酵母菌和面粉混合和成面团后，面包酵母菌就开始活跃起来了。面包酵母菌把面粉中存在的少量糖类物质（如葡萄糖、麦芽糖、果糖、蔗糖等）分解为 CO_2 气体和水。同时，随着面粉中淀粉酶的活化，淀粉酶成了面包酵母菌的"得力助

↑ 发酵面食

手",淀粉酶能够转化淀粉产生大量的糖类物质,为面包酵母菌所利用。这个过程中产生的大量的 CO_2 气体和水,使面团松软、膨胀,形成以面筋网络为骨架的蜂窝结构;而产生的热量则使面团温度升高。随着面团中 CO_2 的逐渐增多和 O_2 的逐渐减少,面包酵母菌逐渐转为厌氧发酵,将面团中的糖类物质转化为乙醇及少量的 CO_2 气体,同时生成少量的有机酸、醇类、酯类、醛酮类等产物,形成发酵面食所特有的香味。

↑ 面包内部的蜂窝状结构

如果用纯的面包酵母发酵面团,面包酵母菌是绝对的优势菌,其他杂菌的贡献非常小,不会产生酸味。如果面团有酸味,可能是在酵母发酵过程中被环境中的乳酸菌或其他产酸微生物污染了面团。在老面发酵时常有这种产酸现象,这是因为所用的老面(即面起子或面

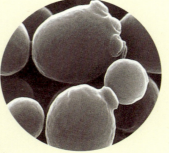
↑ 酵母菌

引子)中除酵母菌外,可能还含有乳酸菌。乳酸菌发酵面团产生一些酸味物质,往往需要在蒸制前加碱来中和这种酸性物质。否则,蒸熟的馒头、包子或烤熟的面包就会有一种糟糕的酸味,而掩盖了发酵香味。

微生物与酱

相关微生物：米曲霉等

- 米曲霉上阵，出酱！

酱是我国历史悠久的传统调味品，根据原料的不同，主要分为豆瓣酱和甜面酱两大类，它们都是米曲霉的"作品"。

豆瓣酱制作是以黄豆、蚕豆等豆类为主要原料。豆瓣经水烫加工后，米曲霉就开始施展其多重"功力"。它将原料中的淀粉、蛋白质、脂肪等成分一一分解成麦芽糖、葡萄糖、氨基酸、多肽、酯类等物质，形成豆瓣酱香甜的独特风味。

↑ 豆瓣酱

制作甜面酱的主要原料是面粉。按照发酵面食的制作程序，先利用面包酵母菌发酵面团，再经蒸熟，将熟的面糕打碎。然后就该米曲霉"披挂上阵"了。米曲霉进一步发酵面糕，又一道酱香、酯香浓郁的鲜美调味佳品就"出炉"了。

↓ 酱缸

微生物与酸奶/奶酪

相关微生物:嗜热链球菌、保加利亚乳杆菌、嗜酸乳杆菌等

• 酸奶, 微生物的健康密语 •

↑ 酸奶

酸奶和奶酪是乳酸菌发酵鲜牛奶的产物。嗜热链球菌和保加利亚乳杆菌就是具有这种神奇功能的发酵乳酸菌,它们能够将消毒鲜牛奶中的乳糖、蛋白质、脂肪部分分解为葡萄糖、半乳糖、乳酸、肽、氨基酸、脂肪酸等易于消化、吸收和利用的小分子物质。在这个过程中还会产

↓ 奶酪

生人体所必须的多种维生素、酶类和抑菌物质等。因此，酸奶和奶酪具有丰富的营养价值。同时，酸奶中含有大量的乳酸菌，以及发酵过程中产生的乳酸和一些生物活性物质，这使得酸奶也有良好的保健功效。

特别要提到的是益生菌酸奶，它是在普通酸奶发酵菌的基础上，添加嗜酸乳杆菌、双歧杆菌或干酪乳杆菌等肠道益生菌类制成的，这就进一步增强了酸奶的保健功效。

⬆ 嗜酸乳杆菌

酸奶发酵所使用的菌种决定着酸奶的品质。长期食用酸奶，可以促进食物的消化吸收，调节肠道菌群平衡，抑制有害菌的生长，增强机体免疫功能。但要切记：酸奶饮用前不要加热！否则，一些具有营养和保健功效的成分会失去活性，乳酸菌也会因此而死亡，酸奶的营养和保健功效会大打折扣。而且，酸奶不宜空腹食用，否则，胃酸会杀死部分乳酸菌，影响酸奶的保健功效。

微生物与泡菜

相关微生物：乳酸菌等

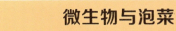

•乳酸菌是制作泡菜的"秘密武器"•

泡菜是乳酸菌"奉献"给人类的又一道美食。

　　制作泡菜时，是以纤维素含量丰富的新鲜蔬菜或水果（如大白菜、萝卜、黄瓜、莴苣、大头菜等）为原料，在厌氧条件下，使原料中自然存在的乳酸菌大量繁殖，或接种优良的乳酸菌菌种，将原料中的糖类分解，这个过程会产生大量乳酸及一些风味物质，美味可口的开胃小菜就这样制成了。在这个过程中，厌氧的环境以及乳酸菌产生的大量乳酸能够有效抑制其他杂菌生长，便于保持泡菜的自然风味和营养价值；而且，大量乳酸的产生还使泡菜具有良好的保健功效。

　　科学研究证明，泡菜具有降血脂、降胆固醇、预防动脉硬化等心脑血管疾病、抑制癌细胞生长、抗衰老等多重保健作用。同时，泡菜中含有的大量乳酸菌，也具有平衡肠道菌群、增强肠道功能和增强机体免疫能力的功效，是餐桌上的一道保健佳肴！

↑ 泡菜

微生物与腐乳

相关微生物：毛霉菌、根霉菌、青霉菌等

• 腐乳、臭腐乳，谁发酵更彻底？

　　腐乳，又称豆腐乳，是我国历史悠久的传统美食。它的制作主要归功于毛霉菌的贡献。毛霉菌（如腐乳毛霉、鲁氏毛霉、五通桥毛霉、总状毛霉等）能够分泌蛋白酶、肽酶、脂肪酶等，将豆腐中的蛋白质分解为多肽和各种氨基酸、将脂肪分解为脂肪酸和甘油，并产生一些 B 族维生素。同时，在其他微生物如根霉菌（如米根霉、华根霉等）、青霉菌、红曲霉、米曲霉菌以及酵母菌等的协作下，共同制成营养丰富、有"东方奶酪"美誉的腐乳。根据生产工艺的不同，豆腐乳又有红腐乳和白腐乳之分，红腐乳是由于加入了红曲而呈紫红色，白腐乳则是腐乳的"真面目"。

　　臭腐乳，又称臭豆腐或青腐乳，它是发酵更彻底的腐乳。蛋白质分解产生的氨基酸在微

⬆ 红腐乳

生物分泌的酶的作用下进一步分解产生氨，含硫氨基酸进一步分解后还能产生硫化氢，再加上发酵过程中产生的一些风

味物质,共同形成了臭腐乳"闻起来臭,吃起来香"的独特味道。但要注意,氨基酸彻底发酵产生的氨和硫化氢会影响身体健康,所以,臭腐乳不能贪吃呀!

微生物与豆豉

相关微生物: 总状毛霉、枯草芽孢杆菌等

● 豆豉生产——霉菌和细菌缺一不可.

豆豉是我国传统的调味品,也是微生物的发酵制品。

将黑豆或黄豆浸泡、蒸煮后,利用微生物的神奇功能将其发酵。制作豆豉的过程中,主要利用霉菌(如总状毛霉、米曲霉等)和细菌(如枯草芽孢杆菌、乳酸菌等)分泌的蛋白酶将黑豆或黄豆中的蛋白质部分分解,产生易于消化吸收的氨基酸或多肽,同时在微生物分泌的其他酶的作用下,产生醇酯类、有机酸等风味物质,最终制作出味道鲜美、营养丰富的豆豉。

⊙ 黄豆

身体中的微生物"密码"

微生物与青春痘

相关微生物:痤疮丙酸杆菌等

● 青春痘,原来是痤疮丙酸杆菌在"捣乱"

青春痘又叫粉刺或痤疮,令许多青少年为之烦恼。那么,青春痘的产生和微生物又有什么关系呢?

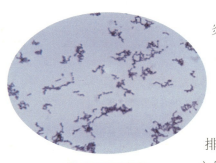

青春痘是青春期多发的一种皮肤炎症,主要由痤疮丙酸杆菌引起。痤疮丙酸杆菌是存在于皮肤的毛囊和皮脂腺中的一种正常菌群,随着青春期的到来,皮脂分泌旺盛,而同时伴随着毛囊皮脂腺导管口的角化,皮脂排泄不畅,致使厌氧的痤疮丙酸杆菌为主的微生物大量繁殖。微生物分解皮脂

↑ 痤疮丙酸杆菌

中的甘油三酯产生大量游离的脂肪酸,进一步刺激毛囊壁及皮脂腺导管的增生和角化,并引发炎症,产生青春痘。所以,做好脸部清洁,对于预防青春痘很重要。

微生物与扁桃体炎/咽炎

相关微生物:乙型溶血性链球菌、葡萄球菌、肺炎双球菌等

● 感冒时,小心这些微生物!

扁桃体炎和咽炎是儿童和青少年的多发病,常伴随着感

冒等常见病而来,与微生物的秘密"袭击"显然脱不了关系。发病时,由需氧菌和厌氧菌共同引起感染,乙型溶血性链球菌发挥主要作用,也可由葡萄球菌、肺炎双球菌、流感杆菌、产黑素类杆菌和腺病毒等引起。这些细菌或病毒可能寄生在人体扁桃体隐窝内或咽部黏膜内,也可能存在于环境中,在人体机能正常时并不致病,当人体抵抗力降低时,便会在扁桃体或咽部"兴风作浪",引起扁桃体炎或咽炎。

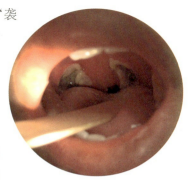

⬆ 小心藏在扁桃体或咽部的微生物

微生物与汗臭味

相关微生物:体表细菌

> 勤洗澡,微生物少,远离汗臭。

人人都有出汗的经历,或因穿衣太多,或因气温升高,或因剧烈的跑跳运动。出汗是身体的一种正常生理现象,它帮助身体散热并调节体温。

汗液原本是没有味道的,那常说的汗臭味是怎么来的呢?这是因为人体体表存在种类繁多的细菌,分泌出来的汗液被体表细菌分解后,会产生汗臭味。特别是腋下、腹股沟、脚部,这些地方汗腺发达,但通气不畅、潮湿度高,成为细菌繁衍生息的"乐园",也是汗臭味较大的部位。所以,要避免汗臭味,就要注意个人卫生,多洗澡,勤换衣。

微生物与龋齿

相关微生物: 变形链球菌、放线菌、乳酸杆菌等

> 消灭口腔细菌,消灭龋齿.

你有龋齿吗?

相信很多人有过龋齿疼痛的经历。龋齿就是人们常说的"虫牙""蛀牙",是一种大家都熟悉的口腔疾病,可能发生在任何一个年龄阶段。

龋齿主要是由口腔中的一些微生物引起的,其中,变形链球菌和一些"帮凶"(如放线菌、乳酸杆菌等)具有"不可推卸"的责任。它们分解食物中的碳水化合物,一方面产生高黏性的葡聚糖,附着在牙齿表面,形成牙菌斑,作为微生物生长、繁殖的"基地";另一方面,这些微生物不断发酵食物残渣中的碳水化合物和糖类(主要是蔗糖)会产生酸,引起牙釉质表面脱矿(钙),逐渐侵蚀牙质,形成龋洞,即我们常说的"牙洞",可能继发牙髓炎,引起剧烈疼痛。

俗话说,"牙疼不是病,疼起来真要命",所以,我们一定要保护好自己的牙齿。一方面,要注意口腔卫生,养成良好的刷牙、漱

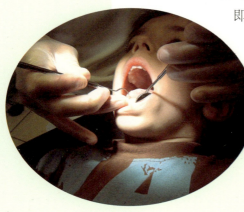

⬆ 检查牙齿

口习惯；另一方面，要养成良好的饮食习惯，科学、适量地摄入含糖高的食品和饮料。从1989年起，每年的9月20日被定为"全国爱牙日"，爱护牙齿非常重要！

↑ 少吃甜食

微生物与胃炎/胃溃疡

相关微生物：幽门螺旋杆菌等

• 胃部不舒服？可能是幽门螺旋杆菌在作怪。

在人的胃部，由于胃酸的大量分泌，一般的细菌难以存活，而幽门螺旋杆菌是目前已知的唯一能够在人的胃部"安家落户"的细菌。

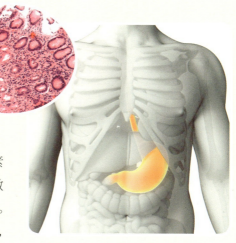

幽门螺旋杆菌能够利用尿素酶分解尿素产生氨，创造碱性微环境，从而抵御胃酸的杀伤作用。幽门螺旋杆菌进驻胃部的早期，人一般没有什么不适症状。随着

↑ 引起胃部不适的幽门螺旋杆菌

幽门螺旋杆菌家族逐渐"儿孙满堂,人丁兴旺",它们就开始侵害胃黏膜,就会引起胃酸、胃胀、胃溃疡、慢性胃炎等胃部不适,也可累及十二指肠,引起十二指肠溃疡,甚至会诱发胃癌!幽门螺旋杆菌传染性较强,而且难以治疗和根除,它往往存在于感染者的口腔中。因此,一定要注意"人–人"传染,注意饮食卫生。

微生物与足癣

相关微生物:红色毛癣菌、须癣毛癣菌、白色念珠菌等

·找到致病性真菌的"藏身地",一网打尽!

足癣,就是令人们烦恼的"脚气",是由角质层内致病性真菌引起的足部感染,主要的真菌有红色毛癣菌、须癣毛癣菌、断发毛癣菌、絮状表皮癣菌等,也可由白色念珠菌及酵母样菌引起。

这些致病性真菌常常在人的脚部"发威"的原因有两方

❤足底和趾间位置常常是致病性真菌的"落脚点"

面:一方面,这些致病性真菌喜欢温湿环境,人体足部汗腺发达,而且"封闭性"较强,特别是足底和趾间位置;另一方面,在人的足底、趾间、侧缘及指甲位置没有皮脂腺,不能分泌具有杀菌作用的皮脂。因此,这些位置就成为皮肤致病性真菌繁衍生息的"落脚点",常引起水疱、糜烂或角化等症状,也可表现为几种形式共存,产生严重瘙痒等不适症状,并可继发细菌性感染。足癣传染性较强,难以根除,而且可在人体的不同部位之间传染和传播,可能引起手癣、灰指甲、体癣、股癣等,因此,一定要注意生活卫生和自身防护。

微生物与肠道健康

相关微生物:肠道有益菌、中性菌和有害菌等

> •肠道菌群是人体健康的"晴雨表"•

肠道是人体中以细菌为主的微生物生活的"大本营"。人体肠道中细菌的数量和种类非常多,尤其是在大肠内,根据已有的研究发现,其数量可高达 10^{11} ~ 10^{14} 个,种类可达 400 ~ 800 种,占粪便干重的 1/5 ~ 1/2。可分为有益菌、中性菌和有害菌三大类,有益菌和中性菌(又称条件致病菌)是肠道中的正常菌群,有害菌是肠道"过客"或"黑

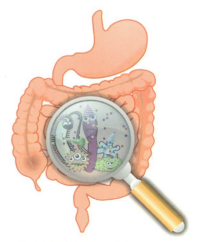

⬆ 肠道是微生物生活的"大本营"

客"。肠道菌群的组成情况可作为人体健康的"晴雨表",由此可见肠道菌群的重要性。

肠道中的正常菌群

正常菌群包括有益菌和条件致病菌(又称中性菌),人体肠道中主要的有益菌有乳酸杆菌、双歧杆菌、拟杆菌等,它们是肠道菌群的重要成员;主要的条件致病菌有大肠杆菌、肠球菌等,它们的繁殖和数量受有益菌的控制。在正常状态下,有益菌和条件致病菌处于相对稳定的动态平衡中,共同为身体健康保驾护航。

正常的肠道菌群在从肠道中摄取营养的同时,能够合成人体所必需的许多营养物质,如多种维生素、氨基酸等。同时,它们能参与或促进许多营养物质的代谢或利用,并具有拮抗病原菌、排毒解毒、激发人体免疫力等功效,是陪伴我们一生一世的"益友",而且必不可少,互利共生。

正常人肠道中有益菌的比例占肠道菌群的 1/4 ~ 2/3,有益菌比例越高,表明肠道微环境越好,人体对疾病的抵抗能力越强,就会更加健康。若肠道菌群平衡失调,有益菌减少,中性菌和有害菌大量繁殖,就会影响肠道的正常功能,直接导致便秘、腹泻、消化不良等疾患。随着中性菌和有害菌数量的不断增多,产生的有毒有害物质逐渐积累,而同时有益菌比例减少,排毒解毒功能减弱,会导致人肤色暗黄、口臭,以及一些代谢异常疾病,如糖尿病、非酒精性脂肪肝等,甚至还会诱发肠癌,真是"一荣俱荣、一损俱损"呀。

最近的科学研究表明,肥胖与肠道中厚壁菌门细菌比例较多有直接的关系。这类细菌对能量、热量具有较高的吸收率。因此,我们要关注肠道菌群,关注身体健康。

肠道菌群的组成与我们的日常饮食结构直接相关,长期的高糖高脂饮食会降低有益菌的数量,高蛋白饮食也会增加以大肠杆菌为主的腐败菌的数量,而膳食纤维有利于有益菌的生长繁殖。因此,合理膳食是身体健康的基本保证。

⬆ 合理膳食是身体健康的基本保证

肠道中的有害菌(致病菌)

　　肠道有害菌主要是指肠道中的致病菌,它们不是肠道的"固定居民",而是随食物进驻肠道。在肠道中,它们会受到肠道正常菌群和人体免疫系统的共同抵御,有些有害菌逐渐消亡,而有些有害菌则因数量较多或致病力较强而成为漏网之鱼残留下来,它们通过施展不同的"妙计"而使人致病。

　　最常见的肠道致病菌有沙门氏菌、大肠杆菌、志贺氏菌、金黄色葡萄球菌(见微生物毒素部分)等,它们主要引起细菌性食物中毒,并具有较强的传染性,若不加预防和控制,可能引起传染病的爆发。

🦠 沙门氏菌

　　在世界各国引起细菌性食物中毒的病原菌"榜单"上,沙门氏菌常"名列前茅",在我国它也是引起细菌性食物中毒的病原菌中的魁首。沙门氏菌引起的主要病症以急性肠胃炎为主,其次是败血症。沙门氏菌是值得高度警惕和严加预防的人

畜共患病原菌。

　　沙门氏菌在自然界中广泛存在,极易污染蛋、肉、奶类制品。因食用生鸡蛋而发生沙门氏菌性食物中毒疫情的报道在世界各国屡见不鲜。沙门氏菌也可污染新鲜果蔬,如美国2013年发生的西红柿中毒事件就是沙门氏菌的"战绩"。

　　沙门氏菌的主要致病因子是其产生的内毒素,当菌体死亡或损伤造成细胞膜破损后,内毒素随即释放,引发机体疾病,

⬆ 最好不要食用生鸡蛋

严重的可致死。因此,沙门氏菌是食品卫生检疫的重要项目。与其他肠道病原菌一样,沙门氏菌病重在预防。请慎食生食,避免病从口入,并谨防患者或带菌者对密切接触者的交叉感染。

🌸 大肠杆菌

　　多数大肠杆菌是人体肠道中的正常菌群,作为条件致病菌与人终生相伴,它们在肠道中摄取营养的同时为人体生产很多有益物质,如人体所必需的维生素 B、维生素 K,拮抗致病菌的杀菌物质大肠杆菌素等,与人类互利共生。但因特殊原因,这些大肠杆菌在肠道内的繁殖一旦失控,大量生长,就会造成肠道菌群失调,引发一系列身体健康问题。若这些大肠杆菌"乔迁"到肠道外的地方并繁殖,则会引起肠道外感染,如阑尾炎、泌尿系统感染、败血症等。

　　虽然多数大肠杆菌并不致病,但值得注意的是,有些血清型的大肠杆菌却世世代代与人类为敌。这些血清型的大肠杆

菌能够产生多种毒力因子，如黏附素、肠毒素、志贺氏毒素等，使人致病，引起流行性腹泻，也可引起肠道外感染，如败血症、新生儿脑膜炎等，我们称之为致病大肠杆菌。

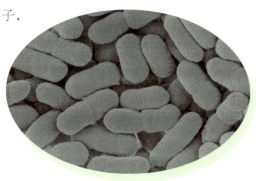

⬆ 大肠杆菌的电镜照片

特别是臭名远扬的肠出血型大肠杆菌 O157:H7，它的传染性非常强，主要引起出血性腹泻，并容易殃及肾脏，使人出现急性肾衰竭，若得不到及时有效的治疗，则性命难保。自 1982 年以来，已在美国、日本、加拿大、德国、澳大利亚、中国等许多国家引起多次爆发性流行。目前，肠出血性大肠杆菌 O157:H7 感染及传播已经成为全球普遍关注的公共卫生问题。由于致病性大肠杆菌的耐药性不断增强，临床治疗的难度也不断增大。因此，要防患于未然，除了要注意饮食、饮水卫生以外，还要严防患者、畜或禽对环境及接触者的传染，避免疫情的发生。若不幸患病，要及时治疗，一定不可大意！

🦠 志贺氏菌

志贺氏菌也是引起食物中毒的重要的肠道病原菌，主要引起人类特别是儿童的细菌性痢疾，表现为呕吐、腹泻、发热等中毒症状，因此，又称为痢疾杆菌。志贺氏菌主要的致病因子是其产生的内毒素，有些志贺氏菌也可产生外毒素——志贺氏毒素。

志贺氏菌主要污染肉、奶类食品，也被列为食品安全检测

↑ 小心生肉上的志贺氏菌

的重要病原菌。不过可喜的是,志贺氏菌对热的抵抗力较弱,将食物加热至 60 ℃以上,即可致其死亡。因此,注意饮食卫生,可阻断食源性病原菌传染。另外,还要注意交叉感染,尤其是在温度较高的夏季和秋季,传染性较强,更要注意防范。

微生物与感染

相关微生物:葡萄球菌等

· 不要小视"超级细菌"的威力 ·

葡萄球菌在我们生活的环境中广泛存在,其中大多数对我们无害,只有少数是引起化脓性感染的重要病原,以金黄色葡萄球菌为主,其次是条件致病性的表皮葡萄球菌。

这些致病性的葡萄球菌通过产生多种毒素和侵袭性酶类而使人体皮肤、组织及器官致病,如引起手术刀口、烧伤、烫伤、划伤等皮肤伤口的感染,以及引起上呼吸道感染、脓疱疮、外耳炎、毛囊炎、甲沟炎、肺炎、脑膜炎、心内膜炎、骨髓炎……

近年来,由于致病性葡萄球菌对多种抗生素耐药性的不断增强,因此,由葡萄球菌引起的各种感染性疾病的治疗难度不断增加,有些感染甚至会危及生命。特别是被称为"超级细菌"的耐甲氧西林金黄色葡萄球菌的"诞生",由于其携带具有多重耐药功能的"优良基因",已成为临床上难以制服的许多疾病的"元凶"。近年来,强致病力的"超级细菌"在世界各地广泛流行,特别是在医院和社区传播和流行,需引起高度警惕。一定要注意自身预防,切莫小视这微小生命的威力。

⬆ 警惕"超级细菌"在医院的传播

微生物与其他人类疾病

相关微生物: 微生物毒素、病毒等

> 小心提防无处不在的微生物毒素和病毒。

微生物就在我们身边,可能威胁我们的身体健康。微生物毒素和病毒伺机进入我们的身体,在它们面前,一定要一千万个小心。

微生物毒素

金黄色葡萄球菌肠毒素、黄曲霉毒素、肉毒素、霍乱毒素等威胁我们的健康甚至生命，了解它们，才能打败它们。

金黄色葡萄球菌肠毒素

金黄色葡萄球菌是环境中广泛存在的一种病原菌，该菌除了可以引发人类的各种感染性疾病外，还可以产生肠毒素，引起细菌性食物中毒。

金黄色葡萄球菌可在贫营养条件下生存，对不良环境条件的抵抗能力在非芽孢菌中最强，具有较高的耐热、耐干燥、耐低温、耐高渗的能力。

⬆ 金黄色葡萄球菌

⬆ 金黄色葡萄球菌在冰淇淋中可存活数年

有资料表明，金黄色葡萄球菌在80 ℃下可存活30分钟，在痰液、脓汁、干燥的空气中可存活数月，在实验模拟冰淇淋中可存活7年，在棒冰中可存活2年，在含15% NaCl的高盐培养基中仍可生长。而且，金黄色葡萄球菌可产生肠毒素，食用后会引起呕吐、腹泻等食物中毒。金黄色葡萄球菌肠毒素也具有很高的耐热性，将其放置在100 ℃的环境中加热30分钟后仍然可以发挥毒素的威力。

由金黄色葡萄球菌引起的食物中毒在全球范围内时有发生，已引起高度重视，卫生部也将金黄色葡萄球菌列入速冻食品质检的必检项目。食品卫生不可小视。杜绝污染，要防止人源污染，即金黄色葡萄球菌感染患者在食品加工、生产过程中引起的食品污染，也要防止非人源污染，即环境卫生。

黄曲霉毒素

　　黄曲霉毒素常存在于霉变食物中，主要由真菌中的黄曲霉菌和寄生曲霉菌产生。这些真菌在温暖潮湿的环境中广泛存在，尤其在土壤和腐败物质上分布较多。花生、玉米、大米、小麦、豆类等及其制品是这些真菌颇受青睐的宿主，坚果（核桃、杏仁等）、奶、蛋、肉等都易被这些真菌污染。

⬆ 花生易被黄曲霉菌等污染

　　黄曲霉毒素根据其结构可分为 17 种，其中黄曲霉素 B1 是毒性最强的，也是最常见的。有资料显示，黄曲霉素 B1 的毒性是氰化钾的 10 倍，是砒霜的 68 倍，被世界卫生组织定为剧毒物质，真是让人听之战栗。同时，它也具有很强的致癌、致畸、致突变作用，是目前已知的致癌性最强的物质。

　　黄曲霉毒素可通过人食用霉变食物直接进入人体，或通过人食用被黄曲霉毒素污染的饲料饲养的动物产品间接进入人体，主要侵害人体的肝脏，破坏肝细胞，甚至诱发肝癌。由于黄曲霉毒素具有很强的热稳定性，加热至 280 ℃才能破坏其毒性。即使通过加热杀死霉变食品中产黄曲霉毒素的微生物，其生前产生的黄曲霉毒素依然完好无损地存在，并发挥其毒力，所以，霉变的食品坚决不要食用！

肉毒素

肉毒素是一种与肉毒梭状芽孢杆菌有"不解之缘"的毒素，它是由专性厌氧的肉毒梭状芽孢杆菌产生的没有毒力的毒素前身。待菌体死亡后，毒素前身从菌细胞中释放出来，被误食后，在人体消化道中经胰蛋白酶酶解成为肉毒素，其毒性才发挥威力。肉毒素经消化道吸收进入血液系统后，作用于神经系统，阻断神经传导，引起不同程度的肌肉麻痹症状，严重者最终因窒息而死亡。

肉毒素是一种蛋白类的神经毒素，共有 7 个类型，其中 A 型毒力最强，是已知毒物中毒性最强的毒素。砒霜是人们所熟知的剧毒品，但和肉毒素相比，却是望尘莫及。氰化钾也是让人毛骨悚然的剧毒物质，其毒力也远不及肉毒素，肉毒素的毒力可达氰化钾的 1 万倍，0.1 μg 的肉毒素即可置人于死地，因此，肉毒素可称为毒物中的"王中王"。

肉毒梭状芽孢杆菌在自然界中广泛存在，蛋白质比较丰富的

⬆ 火腿等是肉毒梭状芽孢杆菌
青睐的繁殖地之一

物质是其青睐的繁殖基地,如肉、肠、火腿、豆制品等。不过,万幸的是这种菌及毒素都不耐热,加热至 100 ℃,只需 1～2 分钟,菌体即死亡,毒素也被解体。但需要警惕的是,肉毒梭状芽孢杆菌属于芽孢菌,一旦菌体变成芽孢状态,普通的烹调温度就无法破坏芽孢体了,待条件适宜时,芽孢体变成能够繁殖并产生毒素的肉毒梭状芽孢杆菌,威胁人体健康。

肉毒素在战争年代曾作为生化武器使用,在当今和平时代,却成为爱美人士的挚爱,正风靡美容市场。通过局部注射高度稀释的 A 型肉毒素,引起局部肌肉麻痹,可用于瘦脸、除皱、塑腿等。需要注意的是,肉毒素毕竟是一种毒素,所以,肉毒素美容不能过于盲目,仍然存在一定的风险。

霍乱毒素

霍乱,人们并不陌生,是由霍乱弧菌的传播及其分泌的霍乱毒素而造成的一种烈性传染病。霍乱弧菌常存在于被污染的水体中,人们通过饮用被霍乱弧菌污染的水体或食物,而使霍乱弧菌进入人体。霍乱弧菌会在人体肠道中"神速"繁殖,分泌大量的霍乱毒素,致使感染者在数小时内产生急性腹泻,甚至引起严重脱水而死亡。

被污染的水体中可能有霍乱弧菌

霍乱起病急,传染性强,已引起多次世界性的大流行,我国均未能幸免。目前,霍乱已成为国际上重要的传染病,我国也将其列为重点防治的甲类传染病。

不过,值得庆幸的是,霍乱弧菌对热、干燥、酸及一般的抗生素、消毒剂均敏感,只要注意饮食卫生,防止病从口入,就能预防传染。若不慎患病,只要救治及时,便能化险为夷。但要注意患者腹泻物中大量的病原菌对环境、食品及接触者的传染,杜绝病原菌的传播,严防疫情的爆发。

破伤风痉挛毒素

破伤风杆菌在环境中广泛存在,尤其在土壤及人畜肠道中数量较多,该菌可产生抵抗力极强的芽孢,耐受各种不良环境。破伤风杆菌可经由损伤的皮肤或黏膜处侵染人体,由于该菌在氧浓度较低时才能大量繁殖,所以,较深的外伤或手术刀口是其理想的栖身之处。

破伤风杆菌菌体本身其实并没有"杀伤力",令人恐惧的是它分泌的一种外毒素——痉挛毒素。破伤风痉挛毒素是一种烈性神经毒素,短时间内即可引起破伤风,主要症状表现为肌强直和肌痉挛,直接影响人体的各种生理功能,会产生如牙关紧闭、面部痉挛、行动困难、抽搐、呼吸受阻、心跳加快、血压升高、饮食排泄困

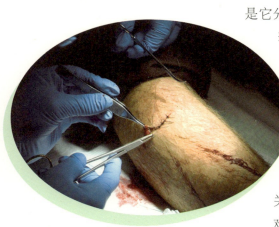

⬆ 手术刀口等可能感染破伤风杆菌

难等症状,严重的可引起器官衰竭而死亡。

目前,临床上主要的应急治疗措施除了对伤口进行彻底清理和辅助治疗外,需注射破伤风免疫球蛋白或破伤风抗毒素进行被动免疫,但由于各种原因,治愈率仍然不够理想。所以,破伤风依然是威胁人类健康的重要疾病之一,也是世界卫生组织所关注的公共卫生问题之一。

我国已将破伤风疫苗列入儿童基础免疫规划疫苗。按免疫程序注射破伤风类毒素疫苗,即可获得主动长效免疫,大大降低了破伤风的患病率,是一种非常有效的预防措施。

病毒

微生物大家族中,并不是只有某些细菌、真菌能够引发人类疾患,病毒也不甘示弱,它伺机而动,威胁人类健康。

病毒是一种不具有基本细胞结构和基本生理功能的生物大分子,它只含有一种核酸(DNA 或 RNA)和蛋白质的外壳,个体非常小,多数病毒直径在 20~200 纳米(1纳米 = 0.000001毫米),单独存在时不能进行一切生命活动。但是,当病毒侵染宿主细胞后,就将其携带的基因(DNA 或 RNA)注入细胞内部,借助宿主

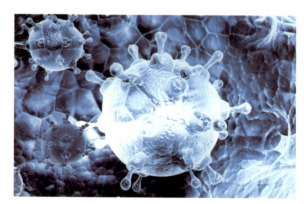

⬆ 可怕的病毒

细胞的代谢系统复制出病毒核酸和蛋白,再重新装配成新的病毒颗粒,待宿主细胞裂解后,随即释放出大量的子代病毒,进一

步侵染更多的宿主细胞，真是一种高明的"侵略者"呀！

许多病毒在人类历史上犯下了不可饶恕的罪行，如历史上曾杀人无数的烈性传染病天花，肆虐西非的"杀人恶魔"埃博拉病毒，曾令国人恐慌的冠状病毒性肺炎"非典"（SARS），还有卫生防疫部门一直在严加防范的禽流感病毒，以及不断蔓延的艾滋病毒……除此之外，还有一些在我们身边的流行病毒，如"百折不挠"的流感病毒、引起儿童手足口病和病毒性咽颊炎的肠道病毒EV71，还有引起胃肠炎的轮状病毒和诺瓦克病毒（又称诺如病毒）……

在人类与病毒的战斗历程中，有很多英雄名垂青史，他们为人类的健康作出了不可磨灭的贡献。

英国人琴纳1796年发明了利用牛痘预防天花的良策。天花是人类制服的第一个烈性传染病。因为牛痘病毒和天花病毒具有基本相同的抗原，接种致病力较弱的牛痘后，接种者就获得了对天花病毒的终生免疫力，由此也促进了免疫学的发展。

1882年法国人巴斯德发明的狂犬病疫苗，征服了狂犬病；后来，又发明了预防小儿麻痹症的脊髓灰质炎病毒疫苗（即我们熟悉的糖丸），预防肝炎的甲肝、乙肝疫苗，预防水痘及水痘带状疱疹并发症的水痘疫苗，预防麻疹的麻疹疫苗……这些疫苗的发明有效遏制了病毒的传染和流行。普种疫苗是目前预防这些病毒性传染病的有效措施。

因为种种原因，目前仍然有一些病毒性传染病暂时还没有疫苗问世，如艾滋病毒等，因病毒的变异性较强，它们所具有的神奇的"变身术"使疫苗的研制工作困难重重。还有"杀人恶魔"埃博拉病毒，疫苗的研制工作正在紧锣密鼓地进行，据报道,目前已经进入临床试验阶段,有望在抗击埃博拉疫情中大显身手。

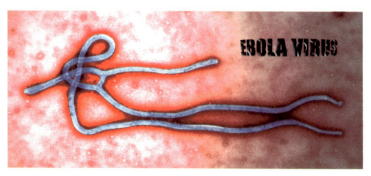

⬆ 埃博拉病毒

因病毒致病的特殊性,一般的抗菌药物不能对其发挥威力,临床上常用干扰素、利巴韦林等抗病毒药物来治疗一些病毒性疾病。

干扰素是病毒感染细胞后应激反应的产物,作为免疫反应的信号蛋白引发细胞的免疫抵抗能力。干扰素作为治疗病毒性感染的药物,虽然不能直接杀死病毒,但可以诱导细胞产生大量的抗病毒蛋白,抑制病毒的复制,从而减少病毒对宿主细胞的侵害。干扰素虽然被称为"病毒的克星",但它会产生较多的副作用,因此,采用干扰素治疗病毒性感染需慎重,特别是需要长期连续治疗的疾病,如艾滋病,不能将干扰素作为首选药物。同时,随着病毒的不断变异和进化,已经产生了能够破坏干扰素免疫信使功效的病毒,如致命的埃博拉病毒。最新的研究表明,埃博拉病毒可通过其产生的 eVP24 蛋白,阻断干扰素的免疫信号传递,摧毁细胞的防御能力,从而在人体细胞内肆无忌惮地"神速"繁殖,排山倒海般袭击机体的各个器官,

这也是埃博拉病毒的高致死性及干扰素治疗无效的原因所在。而且,即使通过辅助治疗,有幸治愈的患者,其体内也不能产生对抗埃博拉病毒的抗体。

利巴韦林是目前临床上常用的一种抗病毒药物,利巴韦林进入细胞后,发生磷酸化反应,能够竞争性地抑制多种与病毒复制有关的酶,从而抑制病毒的复制,对多种 DNA 或 RNA 病毒引发的疾病都有一定的治疗效果。随着药理研究的不断深入和其治疗功效的不断开发,利巴韦林将成为人类对抗病毒性疾病的又一有力武器。

人类与病毒的战争永不止步,加强抗病毒药物及疫苗的研发,以寻求治疗及预防病毒性传染病的"神兵利器"是人类永远的课题。期待着科学研究的突破性进展,同时也向那些为人类健康而鞠躬尽瘁的科学家们致敬!

微生物与药物

相关微生物: 点青霉菌、冠头孢菌、益生菌等

· 微生物药物,曾拯救亿万人的生命。

有置人于死地的微生物,也有救人于水火的微生物,抗生素产生菌和益生菌等就是后者。

抗生素

人们对于微生物药物的认识是从青霉素开始的。1929 年,英国科学家弗莱明意外发现:被空气中霉菌污染的培养皿上的金黄色葡萄球菌被杀死了。随后的实验进一步证明,被污染的

霉菌是点青霉菌,抑制或杀死金黄色葡萄球菌的物质就是由点青霉菌分泌的青霉素。又经过科学家艰辛的研究,解决了青霉素提纯和生产的种种困难,终

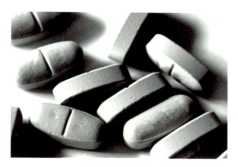

⬆ 抗生素药物

于于 1944 年,开始了青霉素的批量生产和细菌性感染的临床治疗,这也是人类历史上发现并使用的第一种抗生素,拯救了亿万人的生命。这也开创了人类寻找、研究和应用抗生素的新纪元。

目前,已经发现的由微生物产生的抗生素已达几千种,有临床应用价值的 120 余种。这些产生抗生素的微生物资源主要来自于土壤中,以放线菌居多,约占 67%,尤其是放线菌中的链霉菌属,可谓"战绩显赫",真菌次之,细菌类最少,主要以芽孢杆菌为主。部分抗生素产生菌及其产生的抗生素如下:

抗生素	产生菌		主要抗菌范围	抑菌 / 杀菌机制
链霉素	放线菌	灰色链霉菌	结核杆菌感染	干扰蛋白质的合成
卡那霉素		卡那霉素链霉菌	广谱抗生素	干扰蛋白质的合成
庆大霉素		小单孢菌	广谱抗生素	干扰蛋白质的合成
氯霉素		委内瑞拉链丝菌	伤寒杆菌、副伤寒杆菌、厌氧菌感染	干扰蛋白质的合成
土霉素		龟裂链霉菌	立克次体病支原体属感染和衣原体属感染	干扰蛋白质的合成
四环素		金色链丛菌	广谱抗生素	干扰蛋白质的合成

续表

抗生素	产生菌		主要抗菌范围	抑菌/杀菌机制
红霉素	放线菌	红色糖多孢菌	溶血性链球菌感染和耐药性金黄色葡萄球菌感染	干扰蛋白质的合成
万古霉素		东方拟无枝酸菌	最强的抗生素,可治疗多种耐药菌感染	抑制细胞壁的合成
青霉素	真菌	点青霉菌	革兰氏阳性菌感染	破坏细菌的细胞壁
头孢菌素		冠头孢菌	广谱抗生素	破坏细菌的细胞壁干扰蛋白质的合成
杆菌肽	细菌	枯草芽孢杆菌	革兰氏阳性菌感染	破坏细菌的细胞壁和细胞膜

　　随着科学技术的不断发展,科学家对天然抗生素不断进行结构改造,从而研制出大批的半合成抗生素,如以红霉素为基础制成了阿奇霉素、罗红霉素、克拉霉素等,以青霉素为基础制成了半合成青霉素类(如甲氧西林、阿莫西林、氨苄西林等),以头孢菌素为基础制成了各种头孢类抗生素……另外,抗病毒药物干扰素主要也是由大肠杆菌的基因工程菌株生产的,以及近年来不断研发中的以枯草芽孢杆菌的基因工程菌生产抗病毒药物利巴韦林。

⬆ 红霉素

除了用于对抗各类细菌、病毒感染的抗生素外,还有抗真菌、抗癌以及具有免疫调节等功能的各类抗生素。所以,人类的健康得益于这些有益微生物的默默奉献,它们是人类健康的守护者!

由于抗生素的强大功效,在造福人类的同时,也造成了抗生素的严重滥用和误用现象,致使许多病原菌对抗生素的适应性和抗药性不断增强而产生基因变异,继而出现了各种病原菌的耐药菌株。这种现象不断蔓延,遍布世界各地,使得越来越多的抗生素失去昔日的"威力",不得不"隐居江湖",同时也促使人类不断寻找新的抗生素,来对抗各种新生代的病菌。所以,为了人类的健康,要合理、科学地使用这些可贵的微生物资源。对几乎所有抗生素均具有抗药性的"超级细菌"的诞生,正是误用、滥用抗生素的必然结果,已成为人类健康的严峻威胁。世界卫生组织强烈呼吁,为了人类的健康,要规范抗生素的使用、禁止抗生素的滥用。世界各国正在不断加强抗生素使用的监管力度,相应的规范、政策正陆续出台。同时,应加强人们对抗生素的认识和了解,杜绝滥用现象,否则,更多抗药病原菌的产生将演变成人类的重大灾难。

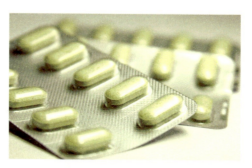

⬆ 不要误用、滥用抗生素

益生菌药物

益生菌,大家并不陌生,它是一类对人体或动物体有益的活体微生物,能够抑制肠道内有害菌的繁殖,增加肠道有益菌的数量,改善肠道的微生态平衡,维持肠道健康,提高机体的免疫机能。因此,益生菌自身就可作为药物使用。益生菌药物在治疗肠道疾病和维持肠道健康方面正受到越来越广泛的重视。

常用的益生菌药物有很多,如妈咪爱、金双歧、合生元、丽珠肠乐、培菲康等。益生菌药物含有的有益微生物以肠道正常菌为主,种类、功能多样,主要包括双歧杆菌、嗜酸乳杆菌、干酪乳杆菌、保加利亚乳杆菌、嗜热链球菌、酪酸梭菌等,主要用于治疗因细菌和病毒感染所致腹泻、旅行者腹泻、慢性腹泻,以及因抗生素使用造成的菌群失调、功能性消化不良、便秘等疾病。

应注意的是,因益生菌药物的主要成分是有益的活菌,因此,它不能与抗生素或其他化学杀菌剂、抑菌剂同时服用,不能高温存放或加热后服用,否则,疗效会大大降低,甚至无效。一定要保证足够数量的活菌进驻肠道,才能起到治疗疾病或保健的功效。

⬇ 益生菌药物

绿色农业的微生物
"密钥"

微生物与农作物病害

相关微生物：柄锈菌、水稻黄单胞菌、水稻条纹叶枯病毒等

要治病，先找根。

↑ 小麦锈病

病原菌是一类有害的微生物，不仅不会受到人们的欢迎，同样也是农作物等植物所嫌恶的，它们就像危害人类健康一样侵害植物体，造成植物病害的频发，严重影响农产品的产量和质量，甚至会造成巨大的经济损失。农业病害的病原菌种类多样，引起的农作物病害症状诸多，其中由真菌引起的病害最多。发生范围广、危害严重的一些主要粮食作物和经济作物病害如下：

病害类型	病原菌	农作物病害
真菌性病害	柄锈菌	小麦锈病
	禾谷类白粉菌	小麦白粉病
	镰刀菌	小麦赤霉病、棉花红腐病、花生根腐病
	稻绿核菌	水稻稻曲病
	梨孢霉	水稻稻瘟病
	丝轴黑粉菌	玉米黑穗病

病害类型	病原菌	农作物病害
真菌性病害	毛球腔菌	玉米大斑病
	长蠕孢菌	玉米小斑病
	大丽轮枝菌和黑白轮枝菌	棉花黄萎病
	落花生柄锈菌	花生锈病
	花生茎点霉菌	花生网斑病
	丝核菌、镰刀菌或甜菜茎点霉菌	甜菜立枯病
	大豆尾孢菌	大豆灰斑病
细菌性病害	水稻黄单胞菌	水稻白叶枯病
	野油菜黄色单孢菌	棉花角斑病
	青枯假单胞菌	花生青枯病
	丁香假单胞菌	大豆细菌性斑点病
病毒性病害	水稻条纹叶枯病毒	水稻条纹叶枯病,被称为水稻"癌症"
	水稻黑条矮缩病毒	水稻黑条矮缩病
	甜菜坏死性叶脉黄化病毒	甜菜丛根病
	大豆花叶病毒、大豆矮化病毒等多种病毒	大豆花叶病

由于生态环境的变化、不利的气候气象条件、不合理的耕作栽培及管理措施等原因,造成各种农业病害频频爆发。目前,农业病害的防治仍然以化学农药的使用为主,由于大面积使用各种化学农药,加之不合理、不科学地使用农药,造成了严重的负面效应,如农产品农药残留严重超标、土壤结构的破坏、水土的农药污染、病原菌的耐药性增强……直接或间接影响人类健康,并进一步破坏生态环境。因此,为了保护环境,提高农产品质量,世界各国明确提出了农业发展的新方向——努力实现可

持续农业、生态农业、绿色农业的转型，这是人们共同的期待。

微生物肥料

相关微生物：根瘤菌、枯草芽孢杆菌等

农民的肥料清单上少不了微生物肥料。

　　微生物肥料，其实质是一些特定的活体有益微生物经加工而成的菌剂。这些特定微生物被施用后，可以提高土壤肥力及土壤养分的利用率，增强农作物的抗病、抗逆能力，增产增收。

　　目前应用的主要有提高豆科植物固氮能力的共生固氮菌——根瘤菌菌剂，以自生固氮菌——圆褐固氮菌为主的固氮菌菌剂，以枯草芽孢杆菌、巨大芽孢杆菌为主的解磷类微生物菌剂，以胶质芽孢杆菌（又称硅酸盐菌）为主的解磷、解钾、解硅微生物菌剂，以细黄链霉菌为主的用于提高氮磷利用率的放线菌制剂。另外，还有以荧光假单胞菌为主，能够促进植物生长、抑制植物病害的植物根际促生菌剂（PGPR），以及能够提高植物对营养元素吸收能力的菌根真菌，包括以内囊霉科菌为主的内生菌根真菌，以担子菌、子囊菌为主的外生菌根真菌，等等。

微生物肥料的使用，能够提高农产品质量，降低农业化学肥料的使用，减少环境污染。因此，应加强微生物肥料相关知识的普及和推广力度，合理、科学地选用和施用微生物肥料，这必将发挥微生物肥料的巨大潜力，这也是绿色有机农业发展的重要保障。

微生物农药

相关微生物： 苏云金杆菌、吸水链霉菌等

> 微生物农药，让害虫无处藏身。

微生物农药是以微生物的活体或其生物活性物质制成的生防制剂，具有杀虫、杀菌、除草、生长调节等功效。具有高效、低毒、无污染特点的生防药剂，安全性高，是绿色农业、无公害农产品的保障。

微生物农药主要包括直接以微生物活体作为农药成分的活体微生物农药和以微生物代谢产物作为活性成分的农用抗生素。

活体微生物农药

活体微生物农药中细菌类农药使用最广泛的当属苏云金杆菌，用于防治农业病虫害；另外，还有日本金龟子芽孢杆菌、青虫菌、枯草芽孢杆菌、地衣芽孢杆菌、荧光假单胞菌等。真菌类农药应用最广泛的是杀虫剂白僵菌、绿僵菌和防治真菌病的木霉菌。

农用抗生素

农用抗生素是微生物的代谢产物,易于自然分解代谢而不会对环境产生二次污染。就像医用抗生素一样,农用抗生素也是由放线菌、真菌、细菌产生的,其中,放线菌产抗生素种类最多,尤其是放线菌中的链霉菌。目前产量最大的农用抗生素——井冈霉素,即是由吸水链霉菌井冈变种产生的,主要用于防治水稻纹枯病等真菌病。除此之外,还有广谱杀(真)菌剂,如由刺孢吸水链霉菌北京变种产生的抗霉菌素120(农抗120)、金色链霉菌产生的多抗霉素、灰色产色链霉素产生的灭瘟素、淡紫灰链霉菌海南变种产生的中

↑ 白粉病

生霉素,以及阿维链霉菌产生的杀虫剂阿维菌素等。另外,还有由放线菌小单孢菌产生的武夷霉素,主要用于防治植物真菌病——白粉病,等等。

微生物与水产养殖病害

相关微生物:嗜水气单胞菌、迟钝爱德华氏菌等

被污染的水产养殖环境是病原菌繁衍的"乐园"。

人们对水产品需求量的不断增加,以及过度捕捞造成的

资源枯竭问题,推动了水产养殖业的不断升温。水产养殖集约化程度不断提高,在提升经济效益的同时,也引发了环境问题。

在高密度的集约化养殖过程中,每天都有大量的残饵、粪便和排泄物进入养殖水体中,或沉降至底泥中,造成了养殖环境的严重污染。被污染的养殖环境是养殖病原菌繁衍生息的"乐园",同时也是降低养殖生物抗病、抗逆能力的主要原因。因此,养殖污染是养殖病害爆发的"导火索"。

目前,在水产养殖上重要的细菌性病原有嗜水气单胞菌、迟钝爱德华氏菌、荧光假单胞菌、水型点状假单胞菌、鳗弧菌、副溶血弧菌、溶藻胶弧菌、哈维氏弧菌、海豚链球菌等,可引起多种养殖生物的疾病,如出血病、败血症、弧菌病、烂鳃病、竖鳞病、赤皮病等;重要的病毒性病原有赫赫有名的对虾白斑综合病病毒、疱疹病毒、传染性胰腺坏死病病毒、弹状病毒等;重要的真菌病原有由水霉和绵霉引起的水霉病、由链壶菌引起的链壶菌病、动腐离壶菌引起的离壶菌病等。与农业病害一样,水产养殖病害的控制仍然主要以化学药物为主,已引起严重的水产品药物残留和质量安全问题,威胁人类健康。

我国作为重要的养殖大国,养殖病害问题已受到高度重视。随着养殖相关理论和技术措施研究的不断加强,已逐渐走向健康养殖的道路,养

⬆ 水产养殖需注意微生物引起的病害

殖经济效益、社会效益、生态效益已不断提高,越来越多的绿色
水产品正走向百姓餐桌。

微生物与禽畜养殖病害

相关微生物:副粘病毒、猪丹毒杆菌等

> 猪瘟、禽流感……这些恐怖的疾病和微生物有关。

　　禽畜养殖业是我国农村的重要产业。随着集约化程度的
不断提高和养殖规模的不断扩大,禽畜养殖病害也不断加剧,
由此造成巨大的经济损失。常见的有由副粘病毒引起的鸡新
城疫(亚洲鸡瘟)、由禽流感病毒引起的禽流感(欧洲鸡瘟)、由
猪瘟病毒引起的猪瘟(猪霍乱)、由大肠杆菌等肠道病原菌造成
的肠炎、由猪丹毒杆菌引起的猪丹毒、由多杀性巴氏杆菌引起
的禽霍乱、由牛流行热病毒引起的牛流行热、由沙门氏菌引起
的沙门氏菌病、由口蹄疫病毒引起的偶蹄动物的口蹄疫、由炭
疽杆菌引起的炭疽病……

　　与植物病原菌不同的是,有些禽畜病害也会传染人类:大
名鼎鼎的禽流感,仍然在威胁着人类健康;肠道病原菌也会通
过排泄物等传染人类;沙门氏菌引起的食物中毒,以及已经被
控制的炭疽病……这些人畜共患传染病必须高度警惕,它们在
造成养殖业经济损失的同时,会对人类健康造成潜在的危害。
对患病禽畜的排泄物及病死禽畜尸体一定要妥善处理,以免造
成病害的大范围传播,引发疫情。

　　另外,禽畜养殖污染问题也是养殖病害爆发的原因之一。

恶劣的养殖环境会造成病原菌的滋生,同时,也会加速病原菌的扩散。目前,禽畜养殖污染已成为农村的重要污染源。禽畜排泄物不仅会造成土壤污染和水污染,产生的恶臭气体也会造成大气污染。禽畜养殖废弃物的无害化处理是降低禽畜病害和减少环境污染的重要举措。

⬆ 警惕禽类养殖污染问题

饲用益生菌(添加剂)

相关微生物:植物乳杆菌、嗜酸乳杆菌等

> 我们的目标——让动物也吃上益生菌产品。

就像医用的益生菌药物和风靡于人类保健品市场的各种益生菌产品一样,发挥各种功效的饲用益生菌(添加剂)已经得到水产养殖业和禽畜养殖业的一致认同,并得到广泛使用。

饲用益生菌的主要功效同样也是调节胃肠道微生态平衡,增强机体的非特异性免疫功能,减少病害发生,促进消化吸收及饲料利用率,提高生长速率等。

主要的饲用益生菌有植物乳杆菌、嗜酸乳杆菌、干酪乳杆菌、双歧杆菌、粪肠球菌、枯草芽孢杆菌、地衣芽孢杆菌、酵母菌等。另外，还有以乳酸菌为主的青贮饲料添加剂，将新鲜的饲草料中的淀粉和可溶性糖经乳酸菌发酵成乳酸，抑制其他杂菌的繁殖，不仅能够使饲料长期保存，而且能够使饲草料保鲜，具有更好的适口性和更高的营养价值。

因此，益生菌在养殖过程中的合理使用，可大大降低抗生素的使用量，为养殖病害防治提供一个全新的解决途径，并可提高养殖产品质量，创造更高的经济效益。

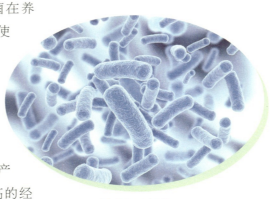

⬆ 植物乳杆菌

地球，微生物的秘密"家园"

土壤环境中的微生物

相关微生物：细菌、真菌、放线菌、植物病原菌等

> 土壤有"泥香"味,竟然是因为它?

　　土壤具有适合绝大多数微生物生活的得天独厚的条件——丰富的营养、适宜的水分和 pH、温度变化幅度小,而且,不同的通气状况又分别为好氧微生物和厌氧微生物创造理想环境。因此,土壤理所当然地成为自然界微生物生活的"大本营",其中的微生物不仅数量巨大,而且种类繁多。

　　细菌是土壤中种类最多的微生物。一般来说,每克表土中的细菌总数可达百亿个,多数细菌喜好中性到微碱性环境,主要分解一些成分相对简单的物质;真菌和放线菌数量一般较细菌少,真菌喜好潮湿、偏酸性环境,放线菌喜好干燥、偏碱性环境,它们对难降解有机物质,如动植物残体等"毫不留情"。而且,还有一些放线菌是重要的微生物资源,如链霉菌属等,能产生多种抗生素,许多重要的抗生素生产菌都是从土壤中分离的。同时,放线菌的代谢产物也是使土壤散发出特有的"泥香"味的根源。特别是在植物的根部,根系的分泌物、死亡的残体等为各类微生物提供丰富的营养,使根区微生物的总数比非根区土壤中

⬆ 土壤中的细菌

　　的微生物数量高出几倍甚至几十倍,所以,植被区域是土壤微生物繁衍生息的优越环境。

　　但是,值得注意的是,在土壤环境中也存在很多植物病原菌,如镰刀菌、腐霉菌、疫霉菌、轮枝菌、丝核菌等,它们是造成农作物土传病害的重要原因,常引起农作物病害的爆发,甚至造成巨大经济损失。

淡水环境中的微生物

相关微生物:大肠菌群等

微生物,水质监测的重要指标

　　水是地球生命的源泉,理所当然也是微生物繁衍生息的乐园。很多人都有这样的经历：将一根木棍或其他硬物放入小河、溪流、湖泊或其他自然水体中，数小时后取出，再用手摸上去，有滑溜溜的感觉。怎么会变光滑了呢？其实那是一层薄薄的生物膜，是水体中的一些微生物附着在硬物上形成的。

不同水体中的微生物种类和数量受其所在的或所流经的周围陆地环境的影响较大。一般来说，流动性差的水体（如池塘、湖泊）或污染水体中腐生性微生物数量较多，清澈的水体中微生物数量一般较少，下游水体的微生物数量往往比上游水体的多。

随着社会进步和经济发展，人们不断地向水体中排放各类污染物，地表水均受到不同程度的污染。微生物已被列为水质卫生状况监测的重要指标，主要包括细菌总数和大肠菌群数量。细菌总数越多，表明水体受有机物污染越严重；大肠菌群数量多，表明水体中可能存在肠道病原菌，水体被污染的可能性大。为了保护地球上有限的淡水资源，请大家爱护环境，从自身做起。

海洋中的微生物

相关微生物：海洋微生物

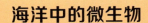

海洋微生物，污染降解，助力人类生产，"食肉"、"吃钢铁水泥"。

有人说海水是杀菌的，那么浩瀚的海洋中有微生物吗？答案是肯定的，不仅有，而且种类非常丰富。在漆黑、高压、低温的海底都有微生物的存在，更让人惊讶的是在海底炎热的火山口也有微生物的踪影，幽暗的深海中的点点繁星也是一些发光微生物的"特异功能"，它们被统称为海洋微生物。这类能够适应高盐、高压海洋环境的微生物类群，承担着海洋中污染物质分解和转化的义不容辞的责任，它们共同维持海洋生态系统的平衡和稳定。

有人担心，海水中有那么多的菌，刺激的大海冲浪、浪漫的沙滩漫步岂不是很危险？不会的，其实海水中大多数微生物对人体是无害的。它们是人类重要的资源宝库，是许多新型的生物活性物质的来源，是人类开发海洋、利用海洋的研究热点之一。科学家现已从海洋微生物的代谢产物中提取了多种抗细菌、抗病毒、抗肿瘤的新型抗生素，以及免疫抑制剂和抗艾滋病等的新型药物，具有良好的临床应用前景；现已商品化的作为保健品的螺旋藻（蓝细菌），具有丰富的营养和多重保健功效。另外，由于海洋微生物生存环境的特殊性，已经从海洋微生物中提取了许多特殊的酶类，如嗜盐酶、嗜压酶、嗜冷酶、嗜热酶、嗜酸酶、嗜碱酶等，助力于人类生产、生活的各个方面，促进经济发展和社会进步。相信在不久的将来，随着科学技术的进步，这些宝贵的微生物资源会越来越多地造福于人类。

另外，海洋微生物中也存在一些有害的种类，如能够引起海洋生物致病的病原弧菌。病原弧菌也是海洋环境中常见的细菌类群之一，会给海水养殖业带来巨大的经济损失。生食患病海产品也可引起人类疾患，如生食霍乱弧菌污染的海产品可能引起人的烈性肠道传染病；生食被副溶血弧菌、创伤弧菌等污染的海产品均可能引发食物中毒。另外，还应该注意被称为"食肉细菌"的创伤弧菌可经皮肤伤口引发人体感染，引起伤口溃烂、蜂窝组织炎等，进而可能导致败血症，甚至危及生命。病例偶有发生，不可轻视。

还有一类"吃钢铁水泥"的海洋细菌，它能够腐蚀各类海洋工程结构物，如海港设施、船舶设备、采油平台、海底管线等。不管它们是金属材质，还是混凝土材质，均无一幸免。这类微生物包含的种类很多，主要有硫杆菌、铁细菌、硫酸盐还原菌类，它们"团结合作"，成为引发海洋工程基础设施腐蚀的主要原因，造成巨大的经济损失，也是当前海洋工程科技的棘手问题。同时这类微生物又是参与自然界硫、铁元素循环的重要菌类，为自然界的物质循环作出了不可磨灭的贡献。

微生物与环境自净

相关微生物：环境微生物

> 环境微生物，赴一场环境自净的秘密约会。

自然界每时每刻都在吸纳着各种形式的垃圾和废弃物。除了集中收集的生活和生产垃圾，还有许多形形色色的分散废物，如动植物残体、随手丢弃的生活垃圾、农村生活生产废弃物……年复一年，日复一日，它们没有在地球上堆积如山，那都去哪里了？到底是怎么消失的呢？这就要归功于环境的"净化师"——微生物了。

微生物是自然界中存在的肉眼看不见的微小生物，是大自然这个巨大生态系统中不可缺少的重要组成部分——分解者，它们能够将自然界中各种复杂的有机物分解为生产者可以利用的简单无机物，实现污染净化和物质的生物地球化学循环。它们无处不在，无处不有，不管是大气、土壤和水体，还是极端环境，都活跃着它们的身影。特别是在作为地球污染物最终归宿的海洋中，海洋微生物凭借强大的适应能力和多变性，能够降解复杂多样的各种污染物。微生物个体虽小，却蕴含着巨大能量，所以，自然界赋予其神圣的使命——物质分解和能量转化，它们为了自己的光辉使命，一代又一代，鞠躬尽瘁，死而后已。这就是环境自净的奥秘！

环境污染及生物修复

相关微生物：光合细菌、酵母菌、硝化细菌等

• 微生物在环境污染修复治理中崭露头角 •

经常有人会说，小时候，一到夏天就到河里洗澡，常在退潮时到海边捡海货；也有人小时候经常到田间地头捉青蛙、挖泥鳅，到河里抓鱼，做鲜美的鱼汤；还有人小时候夏天每天晚上都能找到几十个知了……这些美好的记忆一去不复返。现在的年轻人，特别是孩子们，可能永远不会有这种美好的经历。昔日清澈的小河中流淌的可能是脏臭的污水，原来田间地头

散发的泥土气息可能难以找寻,取而代之的是令人无法逃避的雾霾,滋润万物的雨水变成了就连混凝土也奈何不了的酸雨……到底是什么原因造成了如此强大的反差呢?究其原因就是——环境污染。

在社会和经济发展进步的同时,由工业、生活、生产产生的越来越多的污染物质不断地被释放到各种环境中,当这些污染物的数量超出了环境自身所具有的自净能力,环境的"净化师"便"力不从心"了,就产生了环境污染。而且,日积月累,原本和谐的微生物大家族的结构受到破坏,各种环境问题日渐增多,我们的地球逐渐失去了昔日的美丽。与此同时,也带来了越来越多的灾难,产生了各种生态环境问题。

环境污染问题日趋严峻,不管是水土污染还是大气污染,几乎遍布地球的每一个角落,直接或间接危害人类健康。环境污染问题已受到全世界的共同关注,联合国将每年的6月5日定为"世界环境日",号召地球人行动起来,共同保护地球环境,治理环境污染。

⬆ 可持续的环境造福子孙后代

由于许多微生物所具有的独特的生理代谢功能,而且不产生二次污染,安全、无毒,于是,微生物在环境污染修复治理中崭露头角,正在养殖环境污染净化、化工废水处理、生活污水处理、河道治理等多方面大显身手。目前使用的主要微生物菌种包括:光合细菌、酵母菌、硝化细菌、反硝化细菌、芽孢杆菌、假单胞菌、乳杆菌、肠球菌、片球菌等。随着科学技术的发展，人类可以通过基因工程技术整合优良基因，创造出功能更加强大的基因工程菌，用于对抗各种"顽固污染"，使社会进步、经济发展、环境保护统筹兼顾，造福于人类，造福于我们赖以生存的地球，造福于我们的子孙后代。

极端环境中的微生物

相关微生物：水生栖热菌、假单胞菌、氧化硫硫杆菌、奇异球菌等

● 这些微生物简直是隐居禁区的"超能战士"！

在陆地和江河湖海中有微生物生存可能不足为奇，但是，在一些被认为"生命的禁区"中发现微生物的身影，可能会让你为生命的顽强而赞叹！它们的发现使"生命的极限"难以界定。这些微生物有着能够适应极端环境的"法宝"，有着与一般生命所不同的生理生化和遗传特性。随着科学技术的不断进步，越来越多的极端微生物会被发现，它们所具有的神奇机能正服务于人类生产生活的各个领域，成为经济发展和社会进步的助力器。

高温环境中的微生物

一提到热泉、火山口、深海热液口，就会想到生命难以忍受的高温，低则五六十摄氏度，高则二三百摄氏度。即使在这样的高温环境中，竟然也有生命，真是令人惊叹不已。在美国黄石国家公园的热泉中就生活着这样一类嗜热的微生物，第一

↑ 美国黄石公园中生活着嗜热微生物

个被分离出的是水生栖热菌,这掀起了嗜热微生物研究的热潮。越来越多的嗜热微生物被分离,如酸热硫化叶菌,这种奇特的细菌必须在较高的温度下才能良好地生长;在一些热泉、海底火山口、热液区等区域也陆续发现多种嗜热的微生物,有海栖热袍菌,烟栖火叶菌、嗜火产液菌、甲烷嗜高热菌……甚至在太平洋底部250 ℃~300 ℃的高温热液区也有微生物的"足迹"。这些不同寻常的微生物多属于古菌,它们以其独特的细胞结构或细胞组分来适应高温的环境。

随着科学研究的不断深入,从这些嗜热微生物中分离到的嗜热酶,如蛋白酶、淀粉酶、脂肪酶等多种酶类,能够在高温条件下发挥良好的酶催化作用,促进了发酵和化工工业的发展,并且,开始应用于环境保护领域,进行废弃物和污水净化,也具有显著效果,具有良好的应用前景。目前,在分子生物学研究中广泛使用的 Taq DNA 聚合酶就是从嗜热的水生栖热菌中分离的,成为生物学和医学研究的"得力助手"。

低温环境中的微生物

　　极地、高山、冰川、深海……听之就会有冷飕飕的感觉，甚至不禁打个寒战，它们应该是地球上最冷的自然环境了，即使是在这样的条件下都有固定的"居民"——嗜冷微生物的存在，真是生命的奇迹！迄今为止，我国已从这些低温环境中分离并收集了数千种嗜冷/耐冷的细菌、真菌或放线菌，它们是低温环境下物质循环的主导者。随着极地科考事业的发展，极地微生物的研究已受到世界各国的重视。包括我国在内的许多国家都建有极地微生物菌种资源中心，以加强低温微生物资源的开发和利用的研究。目前，从嗜冷/耐冷微生物中提取的蛋白酶、淀粉酶、脂肪酶等低温活性物质，在食品加工过程已大显身手，在环境保护、医药开发等方面也具有良好的应用前景。相信在不久的将来，低温环境微生物资源必将成为人类的好帮手。

⊕ 寒冷的极地也有微生物"居民"

由于低温环境能够抑制绝大多数中温微生物的生长,所以在食品生产和日常生活中常采用低温环境进行食品保鲜。但是,也应注意到,低温环境微生物不同寻常的生长特性又是冰窖、冷库、冰箱等冷藏环境导致食品腐败的原因,是冷藏冷冻食品质量安全的隐患。有报道称,家庭冰箱中有多种微生物,常见的细菌有假单胞菌(特别是荧光假单胞菌)、芽孢杆菌、葡萄球菌、李斯特菌(特别是单核细胞增生李斯特菌)、假丝酵母菌等,常见的真菌有曲霉菌、青霉菌、枝孢菌等,它们是引起冰箱储存食物腐败变质的主要原因。尤其要注意的是冰箱中的葡萄球菌、单核细胞增生李斯特菌等致病菌,它们可能引起食物中毒,需要引起高度重视。所以,食品冷藏冷冻环境需经常除菌,食品保存时间也不宜过长,应尽快食用,最好加热后食用。

极端酸性环境中的微生物

在能够瞬间将你的皮肤、衣服腐蚀的酸液中,你相信有微生物在那里自由自在地"畅游"吗?当然有,它们是酸性环境中硫元素物质循环的驱动者,具有强大的产酸(硫酸)和抗酸能力。自然界的酸性环境主要有硫化矿的酸性矿水以及含硫的温泉、火山口等,在其中"畅游"的微生物有多种,如氧化硫硫杆菌、酸热硫化叶菌、氧化亚铁硫杆菌等。这些嗜酸微

↑ 酸性矿水中有"畅游"的微生物

生物的发现促进了金属浸提技术的发展，利用嗜酸微生物的生物冶金技术已经非常成熟，创造了巨大的经济效益。另外，嗜酸微生物在生物脱硫、重金属污染治理等方面也逐渐显示出其强大的威力。

极端碱性环境中的微生物

　　极端碱性环境是和极端酸性环境相反的又一个强腐蚀性环境。世界著名的极端碱性环境主要是极端碱性湖，如中国的青海湖（pH 为 9 左右）、肯尼亚的马加迪湖（Magadi，pH 达 10 以上）、土耳其的凡湖（Van Golu，pH 为 9.8 左右）、坦桑尼亚的纳特龙湖（Lake Natron，pH 为 9～10.5）、埃及的 Wady natrun 湖（pH 达 10 以上）……即使如此严酷的环境，依然有不屈不挠的生命存在。

⬇ 极端碱性湖——纳特龙湖

从嗜碱的粪链球菌发现以来，陆续有芽孢杆菌、黄杆菌、微球菌、假单胞菌等属的一些嗜碱微生物以及一些嗜碱古菌等不断问世。目前对于这些嗜碱微生物资源的利用主要是它们所分泌的碱性酶，如蛋白酶、脂肪酶、纤维素酶、果胶酶等，已经广泛用于洗涤剂工业，而且在造纸、制革、纺织等碱性生产行业以及碱性废水处理等方面也具有良好的应用前景。嗜碱微生物资源是人类的宝贵财富。

高盐环境中的微生物

众所周知，海水很咸，大洋水的盐度平均为35，近岸海水因受陆地径流的影响，盐度往往稍低，如果盐度高达海水盐度的8～10倍或盐饱和状态的水体是多咸呢？世界著名的死海就是这样的高盐水体，盐度高达300左右，鱼虾等均不能生存。美国大盐湖盐度为150～288之间，中国的察尔汗盐湖高达盐饱和，艾丁湖盐度也可达200以上，除了盐湖以外，还有盐矿区、晒盐场/池、盐渍食

⬆ 盐度高达300的死海中有嗜盐微生物

品等，在这样极端的高盐高渗环境中能有生命吗？当然，仍然有些不畏高盐高渗的微小生命在这样的环境中活得"不亦乐乎"，常见的有盐杆菌属、盐球菌属、嗜盐碱杆菌属、嗜盐碱球菌属、盐深红菌属、富盐菌属、盐盒菌属，研究比较深入的有盐生盐杆菌、红皮盐杆菌、地中海嗜盐杆菌等。

嗜盐菌细胞膜上视紫红质的光学特性，在生物电子产业

将有诱人的应用前景。随着嗜盐酶或嗜盐活性物质的开发，也必将使嗜盐微生物在环境保护、发酵生产、医学等领域大显身手。不过要注意，这些嗜盐菌也是盐腌制食品（如咸菜、咸鱼、咸肉等）、酱油、酱等腐败变质的根本原因，也会引起食物中毒，"咸的食品不会坏"的错误观念需要尽快转变了。

强辐射环境中的微生物

辐射在环境中无处不在。日常生活中常见的手机、电视、电脑等电器的小剂量辐射，对人体健康没有太大的影响；医院放射科用于疾病辅助诊断的各种设备，如 X 线摄影系统、CT、核磁共振、血管造影系统等，辐射剂量稍高。众所周知，除了必要

⬆ 辐射警告标志

的疾病检查外，要避免短期内连续、多次的放射检查，以免受到不必要的辐射损伤。更不用说一些更高强度的辐射，如当今食品行业广泛使用的辐照杀菌技术，就是采用高剂量的辐射（高达 25000 Gy）来杀灭食品中的微生物，延长食品的保质期。这样高的辐射剂量，已经远远超出人类所能忍受的范围。当人接受超过 6 Gy 的辐射，就可能会有生命危险。真是难以想象，在这样严峻的条件下，竟然有一类细菌能够置之不顾地正常生存，那就是奇异球菌属，它们依赖自己超乎寻常的修复损伤能力与环境抗争，同时也是造成辐照杀菌食品腐败的主要原因。随着越来越多的耐辐射微生物资源从各种辐射环境或放射性污染环境中被发现，以及耐辐射机制研究的深入，耐辐射微生物有望在医学及环境保护领域创造奇迹。

高毒性环境中的微生物

如果你觉得高热、极冷、强酸、强碱、高盐、强辐射环境还不算极端的话，那么高生物毒性环境怎么样？

美国科学家于 2010 年在加利福尼亚莫诺湖中发现了一种盐单胞菌 GFAJ-1。莫诺湖的剧毒砷浓度高达正常浓度的 3000 倍，足以杀死常见的地球生命，这种 GFAJ-1 细菌就像其他极端环境中的微生物一样，具有应对极端环境条件的奇特本领。研究人员发现，这种奇异的细菌含有一种功能特异的蛋白质，能够阻碍剧毒砷进入细胞，从而保障了细胞内正常的生命活动，真是技高一筹呀！莫诺湖除了高砷毒性外，盐度也高达海水的 2~3 倍，pH 值高达 10 左右，即使这么苛刻的环境中都有微生物的踪迹，地球上还会有无生命的"净土"吗？

⬇ "剧毒"的莫诺湖中生活着盐单胞菌 GFAJ-1

能源与微生物的
隐秘"联盟"

微生物与石油

相关微生物：烃氧化菌、硫酸盐还原菌、发酵菌类等

石油勘探和开发的得力"助手"。

众所周知，石油是当今世界的最主要能源，工业生产和日常生活一天也离不开它。所以，人类一直在孜孜不倦地为石油事业而奋斗。可能你还不知道，微生物也是石油勘探和开发的好帮手！

有些独特的微生物，嗜好气态的石油烃，它们在油气田上层土层中大量聚集，所以，可以根据这类微生物的数量进行石油勘探。另外，在石油开采中，常规开采一般只能采收30%～40%，剩下的大量珍贵的石油难以采出，又是微生物发挥威力的时候了，有些采油微生物，如烃氧化菌、硫酸盐还原菌、发酵菌类等，它们能够产生表面活性剂、生物酶或一些酸性物质或气体等，从而改变石油的组成，使其黏度降低、流动性增加，提高石油采收率。这种方法工艺简单、成本低、无污染，是一项潜力巨大的石油采收技术，倍受世界各国的重视。

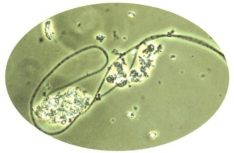

⬆ 藏在石油里的微生物

微生物与氢

相关微生物: 深红红螺菌、沼泽红假单胞菌、乙醇杆菌等

• 微生物为氢能制造带来曙光 •

氢,燃烧产物为水,零环境污染,被公认为最清洁的燃料。氢又是一种高效率的能源,氢气的燃烧热值是 1.4×10^8 J/kg,是常用燃料汽油、柴油燃烧放出热量的 3 倍,约是煤的 5 倍。随着不可再生的化石燃料石油、天然气、煤炭资源的告急,氢能成为倍受世界各国重视的新型能源。

我国在氢能技术的研究和应用方面世界领先,最近在山东省青岛市城阳有轨电车示范线上投入使用的青岛产有轨电车即是氢能源应用的杰出代表。氢能应用前景广阔,但是制氢技术却是氢能发展的瓶颈。大规模氢能的应用,需要有高效、廉价的获取方式的支持,科学家一直在苦苦寻觅着这一难题的答案。

又是微生物,再一次让人类看到了曙光,一些光合细菌和发酵细菌,如深红红螺菌、沼泽红假单胞菌、乙醇杆菌、阴沟肠杆菌、梭状芽孢杆菌等,能够利用有机废弃物高效率地产

⬆ 生物制氢

氢,既能净化环境,又能生产能源,而且低成本、高效益,真是一举两得、两全其美。由哈尔滨工业大学任南琪教授带领的研究团队已于 2005 年成功完成了生物制氢技术的工业化示范,氢能作为可再生的新型能源的推广使用指日可待!

微生物与燃料乙醇

相关微生物:酵母菌等

解决燃料乙醇生产成本高等难题

乙醇,是大家并不陌生的燃料,和氢能一样,将是未来世界的重要能源,也是可再生的清洁能源。

乙醇既可以单独作为能源使用,也可以与汽油混合使用,这样一来,可减少汽车尾气的排放,降低环境污染负荷。目前在巴西和美国,燃料乙醇的生产和使用已具有相当的规模,特别是巴西,汽车已普遍使用混合燃料,大大降低了对石化燃料的依赖。我国紧随巴西和美国其后,也加强了燃料乙醇的生产和推广使用。

目前燃料乙醇的生产主要以玉米、甘蔗等农产品为原料,虽然生产技术比较成熟,但生产成本较高,限制了其作为新型能源的推广使用。因农作物秸秆等纤维素类原料是地球上最丰富、分布最广泛、最易获得的生物质,以纤维素为原料生产燃料乙醇,将会大大降低生产成本,因此,纤维素乙醇成为目前燃料乙醇生产研究的热点。

当然,要降低成本、提高产量、保护环境,就不能忘记自然界中"威力无穷"的微生物。许多酵母菌都具有强大的产乙醇能力,它们能让纤维素水解的葡萄糖摇身一变成为乙醇,就像魔术师一样,用其解决当今世界的能源危机值得期待!

微生物与沼气

相关微生物:产甲烷菌等

· 要产沼气,找产甲烷菌。

近年来,在国家政策的引领下,我国农村沼气建设不断发展,沼气已进入千家万户,成为我国农村重要的生活燃料,大大减少了秸秆、煤炭燃料的使用量,降低了环境污染。

同时,沼气又是以农业生产或生活产生的有机废弃物(如粪便、秸秆、枯枝烂叶等)为原料就地生产。这些废弃物在一些发酵微生物和产乙酸菌的协同作用下,被

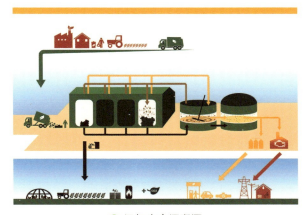

⊙ 沼气生产原理图

分解为小分子的乙酸、甲醇、氢、二氧化碳等,作为产甲烷菌的"美食",被其利用后转化成沼气释放,最终变废为宝,所以,沼气也是微生物团结合作的硕果。

此外,沼气作为清洁的、可持续的新型能源,不仅是农村生活燃料的重要来源,还可以用于沼气发电、燃料电池等方面,

因此,也是受世界各国重视的新型能源,是微生物对人类的又一贡献。

微生物与电池

相关微生物:泥细菌、腐败希瓦菌、铁还原红螺菌等

> 微生物里藏龙卧虎,比如产电微生物.

微生物也能发电,你能相信吗? 真是不可思议,这类神奇的微生物被称为产电微生物,它们能够在处理污水、污泥过程中产生电流,在作为"污染净化师"的同时又是"能源制造师",身居两"要职",真是令人难以置信。

目前已发现的产电效率较高的微生物有泥细菌、腐败希瓦菌、铁还原红螺菌等。包括我国在内的许多国家都已启动了产电微生物的研究,新的产电微生物正陆续被发现,以产电微生物制造微生物燃料电池的研究正在紧锣密鼓地进行中,有望作为能源危机的又一解决方案。到那时,污水处理厂可能会变成一个个发电厂,污水将不再是社会的负担,而会变成被争抢的宝贵资源。

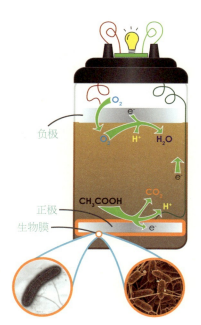

↑ 微生物电池原理示意图